AF501106

LE GUIDE
DU PESEUR.

LE
GUIDE DU PESEUR,
SUIVANT LE CALCUL DÉCIMAL,

A L'USAGE DES PHARMACIENS, DES MARCHANDS DÉTAILLANS, ET DES MARCHANDS EN GROS;

OU

TABLEAUX COMPARATIFS ET DÉTAILLÉS

Des nouveaux Poids avec les anciens, et des anciens avec les nouveaux,

DEPUIS 1 centigramme jusqu'à mille kilogrammes, poids nouveaux;

ET depuis 1 grain jusqu'à 2 milliers, anciens poids;

PRÉCÉDÉS

1°. D'un Extrait des Arrêtés du Gouvernement, et Ordonnance de Police concernant les nouveaux Poids;

2°. D'une Instruction pour faciliter l'usage des Tableaux comparatifs.

PAR le Cn. ALLETZ, Commissaire de Police à Paris.

PRIX, 1 FRANC.

A PARIS,

Chez BERNARD, Libraire, quai des Augustins, N° 31.

DE L'IMPRIMERIE DE MARCHANT.

AN X. (1802).

EXTRAITS

DES ARRÊTÉS DU GOUVERNEMENT,

ET ORDONNANCE DE POLICE,

CONCERNANT LES NOUVEAUX POIDS ET MESURES.

Extrait de l'Arrêté des Consuls, du 13 Brumaire an IX.

Le système décimal des Poids et Mesures sera mis à exécution, pour toute la République, à compter du premier Vendémiaire an X.

Les dénominations données aux Mesures et Poids, pourront, dans les actes publics, comme dans les usages habituels, être traduites par les noms français qui suivent :

POIDS.

. . . .	millier, 1000 liv., poids du tonneau de mer.
. . . .	quintal, 100 liv.
Kilogramme,	livre, contient 10 onces.
Hectogramme,	once, 10e. de la livre, contient 10 gros.
Décagramme,	gros, 10e. de l'once, contient 10 deniers.
Gramme,	denier, 10e. du gros, contient 10 grains.
Décigramme,	grain, 10e. du denier.

EXTRAIT de l'Ordonnance du Préfet de Police de Paris, du 18 Fructidor an IX, approuvée par le Ministre de l'Intérieur, le 21 du même mois.

Aucun fabricant ne pourra vendre, et aucun citoyen ne pourra employer que des *Poids* et *Mèsures* vérifiés et étalonnés par les Sous-Préfets de leur arrondissement.

A Paris, la vérification des Poids et Mesures sera faite à la Préfecture de police. (*Arrêté des Consuls, du 29 Prairial an IX.*)

Passé le premier Vendémiaire an X, nul ne pourra faire usage, dans le commerce, *des Poids anciens.*

Il ne pourra être employé, dans le commerce, aucuns Poids qui ne seroient pas revêtus du poinçon de la République, et qui ne porteroient pas, d'une manière distincte et lisible, les noms qui leur sont propres, ou l'indication de leur valeur, avec la marque particulière du fabricant. (*Loi du 18 Germinal an III, art.* 16; *Arrêté des Consuls, du 13 Brumaire an IX, art.* 6.)

Il ne sera poinçonné que des Poids d'une, deux, ou cinq unités décimales. (*Loi du 18 Germinal an III*, *art.* 8.)

Il ne sera poinçonné aucun Poids venant de l'étranger. (*Même loi*, *art.* 24.)

Pour faciliter et accélérer le remplacement des anciens Poids, les propriétaires sont autorisés à faire charger provisoirement, mais pour cette fois seulement, ceux de 50 livres, pour les porter à 25 kilogrammes. Ces poids, ainsi réajustés, ne seront portés à la vérification, qu'autant que les chiffres indiquant leur ancienne valeur, auront été enlevés ou mutilés, et que l'indication de la valeur nouvelle sera insculpée ou gravée sur l'anneau. (*Décision du Ministre de l'Intérieur*, *du 12 Thermidor an IX.*)

Les balanciers et tous autres qui ajusteroient des Poids, auront chacun une marque particulière. Cette marque sera insculpée à la Préfecture de police, sur une planche de cuivre, à ce destinée. (*Décision du Ministre de l'Intérieur*, *du 22 Prairial an IX*)

Il sera pris, envers les contrevenants aux dispositions ci-dessus, telles mesures administratives qu'il appartiendra; ils seront, en outre, traduits au tribunal de police correctionnelle, pour être poursuivis conformément aux lois.

INSTRUCTION

INSTRUCTION

POUR FACILITER

L'USAGE DU GUIDE DU PESEUR.

Le Guide du Peseur comprend,

1°. La série des nouveaux Poids, avec la valeur de chacun d'eux en Poids anciens;

2°. La série des anciens Poids;

3°. Un Tableau comparatif des nouveaux Poids avec les anciens, depuis le centigramme jusqu'à mille kilogrammes;

4°. Un Tableau comparatif des anciens Poids avec les nouveaux, depuis le grain jusqu'à deux milliers pesant.

I. Dans la série des nouveaux poids, *la livre nouvelle* (le kilogramme), équivaut, en anciens poids, à 2 livres 5 gros 49 grains; ce qui fait environ $\frac{3}{4}$ d'once au-dessus de 2 livres; et la *demi-livre nouvelle*, qui est le poids de 5 hectogrammes, ou $\frac{1}{2}$ kilogramme, répond à 1 liv. 2 gros 60 grains; ce qui donne environ 2 pour cent en sus du prix d'une livre ancienne.

Ainsi, ce qui se vendoit 50 sous la livre ancienne, se vendra 51 sous les 5 hectogrammes, ou $\frac{1}{2}$ livre nouvelle; et 5 francs 10 centimes le kilogramme, ou livre nouvelle : ce qui pèsera 30 kilogrammes, et qui se vendoit 50 sous la livre se vendra à raison de 5 fr. 10 cent. le kilogramme.

L'*once nouvelle* (l'hectogramme), la 10ᵉ. partie du kilogramme, répond à 3 onces 2 gros 12 grains; et la ½ *once nouvelle*, qui est le poids de 5 décagrammes, ou ½ hectogramme, répond à 1 once 5 gros 6 grains.

Ainsi, le prix d'un hectogramme (once nouvelle) sera le 10ᵉ. du prix d'un kilogramme (livre nouvelle) : ce qui sera vendu 5 fr. 10 cent., le kilogramme se vendra 51 cent. l'hectogramme, et 26 cent. les 5 décagrammes ou ½ hectogramme, ½ once nouvelle.

Le *gros nouveau* (le décagramme), qui est la 10ᵉ. partie de l'hectogramme, répond à 2 gros 44 grains; et le *demi-gros nouveau*, qui est le poids de 5 grammes ou ½ décagramme, répond à 1 gros 22 grains.

Le *denier nouveau* (le gramme), qui est la 10ᵉ. partie du décagramme, répond à 18 grains 9 dixièmes de grain; et le *demi-denier nouveau*, qui est le poids de 5 décigrammes ou ½ gramme, répond à 9 grains 5 dixièmes de grain.

Le *grain nouveau* (le décigramme), qui est la 10ᵉ. partie du gramme, répond à 1 grain 9 dixièmes de grain ancien; et le *demi-grain nouveau*, qui est le poids de 5 centigrammes ou ½ décigramme, répond à 9 dixièmes ½ de grain ancien.

Enfin, le *centigramme* est la 10ᵉ. partie du décigramme, et répond à 2 dixièmes de grain ancien.

Ainsi, dans la progression décimale des nouveaux poids :

Le *décigramme* (grain nouveau) comprend 10 centigrammes.

Le *gramme* (denier nouveau) comprend 10 décigrammes, ou 100 centigrammes.

Le *décagramme* (gros nouveau) comprend 10 grammes, ou 100 décigrammes, ou 1000 centigrammes.

L'*hectogramme* (once nouvelle) comprend 10 décagrammes, ou 100 grammes, ou 1000 décigrammes, ou 10,000 centigrammes.

Le *kilogramme* (livre nouvelle) comprend 10 hectogrammes, ou 100 décagrammes, ou 1000 grammes, ou 10,000 décigrammes, ou 100,000 centigrammes.

Enfin, le *myriagramme* comprend 10 kilogrammes, ou 100 hectogrammes, ou 1000 décagrammes, ou 10,000 grammes, ou 100,000 décigrammes, ou un million de centigrammes.

II. Dans la série des anciens poids, on trouve le *grain*; le *gros*, composé de 72 grains; l'*once*, composée de 8 gros, ou 576 grains; et la *livre*, composée de 16 onces, ou 128 gros, ou 9216 grains.

III. Dans le Tableau comparatif des nouveaux poids avec les anciens, on trouve, depuis le centigramme, qui répond à 2 dixièmes du grain ancien, jusqu'à 1000 kilogrammes, équivalant à 2044 liv. 6 onces 40 grains, la valeur en anciens poids, de tous les nouveaux poids, même avec leurs fractions; de manière qu'il n'est pas une pesée, en nouveaux poids, qu'un marchand ne puisse, en consultant le *Guide du Peseur*, réduire très-promptement en anciens poids, et, par suite, calculer la somme qu'il a à demander, à raison de tel prix de la livre ancienne.

EXEMPLES.

1°. Un pain de sucre sera balancé en nouveaux poids par

1 poids de 2 kilogrammes. . . . . 1 poids de 1 kilogramme. . . . . 1 poids de 5 hectogrammes. . . .	} 3 kilogrammes ½.
2 poids de 2 décagrammes. . . .	4 décagrammes.
et 1 poids de 5 grammes.	

On trouvera, au Tableau comparatif des nouveaux poids avec les anciens, que

3 kilogrammes ½ donnent	7 l.	2 on.	3 gros	63 gr.
4 décagrammes	»	1	2	33
5 grammes ou ½ décagramme . . .	»	»	1	22
En additionnant, on trouvera en anciens poids	7 l.	3 on.	7 gros	46 gr.

2°. Une plus forte pesée sera balancée en nouveaux poids, par

1 poids de 1 myriagramme, ou 10 kilogrammes.
1 poids de 5 kilogrammes. . . . . . }
2 poids de 2 kilogrammes. . . . . . } 7 kilogr. ½.
1 poids de 5 hectogrammes . . . . . } 17 kilogr. ½.
1 poids de 2 hectogrammes. . . . . . }
1 poids de 5 décagrammes. . . . . . } 2 hectogr. ½.

En consultant le même Tableau, on trouvera que

17 kilogrammes ½ donnent . . .	35 l.	12 on.	3 gros	29 gr.
et 2 hectogrammes ½	»	8	1	30
On aura en anciens poids .	36	4	4	59

Et ainsi de suite.

IV. Le Tableau comparatif des anciens Poids avec les nouveaux, comprend les détails les plus multipliés en pesées, depuis un grain jusqu'à deux milliers, en se servant toujours des nouveaux Poids.

On a eu l'attention d'y distinguer les nouveaux Poids par chaque dénomination isolée, c'est-à-dire, que lorsqu'il faut employer, par exemple, 9 hectogrammes, on a dit, un poids de 5 et deux poids de 2. C'est ainsi que, pour faire une pesée de 12 liv., anciens poids, le Tableau indique d'employer, en nouveaux poids :

1 poids de 5 kilogrammes.
— de 5 hectogrammes.
1 — de 2 hectogrammes.
1 — de 1 hectogramme.
1 — de 5 décagrammes.
et 1 — de 2 décagrammes.

On a simplifié, autant qu'il a été possible, le nombre de poids à employer ; et c'est par cette raison qu'on trouvera des pesées, ou pour y arriver avec un plus petit nombre de poids, le Tableau indique d'en mettre en contrepoids.

C'est ainsi que pour faire une pesée de 14 livres, anciens poids, le Tableau indique, en nouveaux poids,

1 poids de 5 kilogrammes
et 1 — de 2 kilogrammes.

Et de mettre en contrepoids,

1 poids de 1 hectogramme,
1 — de 5 décagrammes,
et 1 — de 2 grammes.

Quant aux fortes pesées, à compter de 100 livres, il y a trois espèces de poids dont on peut se servir :

Les anciens de 50 livres, surchargés à 25 kilogrammes ;

Les nouveaux poids de 2 myriagrammes ;

Et ceux de 5 myriagrammes.

Alors, dans ces fortes pesées de 100 liv. et au-dessus, le Tableau donne l'alternative de ces trois espèces de poids, afin que les marchands qui auroient les uns et non les autres, puissent également faire leurs pesées, en consultant le Tableau.

On observe encore que les fractions décimales ont souvent empêché de composer les pesées avec précision, et qu'il a paru convenable de faire tourner au profit du vendeur, le *deficit* de quelques grains, que l'on remarque, dans nombre de pesées, au Tableau comparatif des anciens Poids avec les nouveaux.

Ainsi, une once ancienne, pesée avec les nouveaux poids, ne donne que 7 gros 71 grains $\frac{4}{10}$, ce qui fait $\frac{6}{10}$ de grain de moins.

La livre ancienne, pesée avec les nouveaux poids, ne donne que 15 onces 7 gros 70 grains, ce qui fait la très-petite différence de 2 grains de moins : il en est de même de beaucoup d'autres pesées.

Enfin, en consultant le *Guide du Peseur*, le marchand y trouve très-promptement le moyen de faire toute espèce de pesées.

Si on lui demande 15 livres environ d'une marchandise, en consultant la colonne des anciens poids, dans le Tableau comparatif *des nouveaux poids avec les anciens*, il trouvera un article de 15 liv. 5 onces 2 gros 43 grains, produits par 7 kilogrammes $\frac{1}{2}$.

Si on lui demande 15 livres juste, il trouvera dans le Tableau comparatif *des anciens poids avec les nouveaux*, l'article 15 livres, et les nouveaux poids qu'il devra employer.

Il en est de même des autres demandes qu'on pourra lui faire.

On ose assurer que les différens Tableaux de comparaison qui ont paru jusqu'ici, sur les nouveaux poids, n'approchent pas, pour la multiplicité, l'exactitude, et la clarté des détails, de ceux que l'on trouvera dans le *Guide du Peseur*, dont on peut également assurer l'exactitude des calculs ; ils sont basés sur les échelles graphiques imprimées et publiées en l'an IV, par l'Agence temporaire des Poids et Mesures.

Le pharmacien, le marchand détaillant, le marchand en gros; les maisons de commerce, y trouveront les moyens faciles d'obéir à la loi, sans blesser leurs intérêts ni ceux du consommateur. Celui-ci y trouvera aussi facilement le moyen de vérifier le poids des marchandises qui lui auront été livrées.

SÉRIES DES POIDS

NOUVEAUX.	LEUR VALEUR EN ANCIENS POIDS.			
	livres	onces	gros	grains
Centigramme, ou 10e. de grain.	»	»	»	» $\frac{1}{10}$ $\frac{1}{2}$
2 centigrammes.	»	»	»	» $\frac{4}{10}$
5 centigrammes, ou $\frac{1}{2}$ décigramme.	»	»	»	» $\frac{9}{10}$ $\frac{1}{2}$
Décigramme, *grain nouv.*, ou 10 centigr.	»	»	»	1 $\frac{9}{10}$
2 décigrammes.	»	»	»	3 $\frac{7}{10}$
5 décigrammes, ou $\frac{1}{2}$ gramme.				9 $\frac{4}{10}$
Gramme, *denier nouv.*, ou 10 décigr.	»	»	»	18 $\frac{8}{10}$
2 grammes	»	»	»	37 $\frac{6}{10}$
5 grammes, ou $\frac{1}{2}$ décagramme.	»	»	1	22
Décagramme, *gros nouv.*, ou 10 grammes.	»	»	2	44
2 décagrammes	»	»	5	16
5 décagrammes, ou $\frac{1}{2}$ hectogramme.	»	1	5	6
Hectogramme, *once nouv.*, ou 10 décagr.	»	3	2	12
2 hectogrammes.	»	6	4	24
5 hectogrammes, ou $\frac{1}{2}$ kilogramme	1	»	2	60
Kilogramme, *livre nouv.*, ou 10 hectogr.	2	»	5	49
2 kilogrammes.	4	1	3	26
5 kilogrammes, ou $\frac{1}{2}$ myriagramme.	10	3	4	29
Myriagramme, ou 10 kilogrammes.	20	7	»	58
2 myriagrammes, ou 20 kilogrammes.	40	14	1	44
5 myriagrammes, ou 50 kilogrammes.	102	3	4	2

ANCIENS.

1 grain.
2 grains.
3 grains.
4 grains.
5 grains.
6 grains.
9 grains.
10 grains.
12 grains.
18 grains, ou $\frac{1}{4}$ de gros.
$\frac{1}{2}$ gros, ou 36 grains.

1 gros, ou 72 grains.
2 gros.
4 gros, ou $\frac{1}{2}$ once.

1 once, ou 8 gros, composés de 576 grains.
2 onces, ou $\frac{1}{2}$ quarteron.
4 onces, ou 1 quarteron.
8 onces, ou $\frac{1}{2}$ livre.

1 livre, ou 16 onces, composées de 128 gros, ou 9216 grains.
2 livres.
4 livres.
6 livres.
12 livres.
25 livres.
50 livres.

TABLEAU comparatif des nouveaux Poids avec les anciens,

NOUVEAUX POIDS.	LEUR VALEUR EN ANCIENS POIDS.			
	livres	onces	gros	grains
1 centigramme, ou dixième du grain nouveau.				» 3/10
2 centigrammes.				» 4/10
5 centigrammes, ou demi-décigramme.				» 9/10
1 décigramme, grain nouveau.				1 9/10
2 décigrammes.				3 8/10
3 décigrammes.				5 7/10
4 décigrammes.				7 5/10
5 décigrammes, ou ½ gramme.				9 4/10
6 décigrammes.				11 3/10
7 décigrammes.				13 2/10
8 décigrammes.				15 1/10
9 décigrammes.				17 »
1 gramme, *denier nouveau*, ou 10 décigrammes.				18 3/4
2 grammes				37 1/2
3 grammes				56 1/4
4 grammes			1	3
5 grammes, ou ½ décagramme.			1	22
6 grammes.			1	41
7 grammes.			1	60
8 grammes			2	7
9 grammes.			2	25 ½
1 décagramme, *gros nouveau*, ou 10 grammes.			2	44
2 décagrammes.			5	16
3 décagrammes.			7	61
4 décagrammes.		1	2	33
5 décagrammes, ou ½ hectogram., ½ *once nouvelle*.		1	5	6
6 décagrammes		1	7	50
7 décagrammes.		2	2	22
8 décagrammes.		2	4	66
9 décagrammes.		2	7	38 ½
1 hectogramme, *once nouvelle*, ou 10 décagrammes.		3	2	12
1 hectogramme ½, ou 15 décagrammes.		4	7	18
2 hectogrammes.		6	4	24
2 hectogrammes ½		8	1	30
3 hectogrammes.		9	6	36
3 hectogrammes ½		11	3	42
4 hectogrammes		13	»	48
4 hectogrammes ½		14	5	54
5 hectogrammes, ou ½ kilogramme, ½ *livre nouvelle*.	1	»	2	60
5 hectogrammes ½.	1	1	7	66
6 hectogrammes.	1	3	5	»
6 hectogrammes ½.	1	5	2	6
7 hectogrammes	1	6	7	12
7 hectogrammes ½.	1	8	4	18
8 hectogrammes.	1	10	1	24
8 hectogrammes ½.	1	11	6	30
9 hectogrammes.	1	13	3	26
9 hectogrammes ½	1	15	»	32

depuis le centigramme, jusqu'à mille kilogrammes, Poids nouveaux.

NOUVEAUX POIDS.	LEUR VALEUR EN ANCIENS POIDS.			
	livres	onces	gros	grains
1 kilogramme, livre nouvelle, ou 10 hectogrammes	2		5	49
1 kilogramme ½, ou 15 hectogrammes.	3	8		37
2 kilogrammes	4	1	3	26
2 kilogrammes ½	5	1	5	14
3 kilogrammes	6	2	1	3
3 kilogrammes ½	7	2	3	63
4 kilogrammes	8	2	6	52
4 kilogrammes ½	9	3	1	40
5 kilogrammes, ou ½ myriagramme	10	3	4	29
5 kilogrammes ½	11	3	7	17
6 kilogrammes.	12	4	2	6
6 kilogrammes ½	13	4	4	66
7 kilogrammes.	14	4	7	55
7 kilogrammes ½	15	5	2	43
8 kilogrammes	16	5	5	32
8 kilogrammes ½	17	6		20
9 kilogrammes	18	6	3	9
9 kilogrammes ½.	19	6	5	69
10 kilogrammes ou 1 myriagr.	20	7		58
10 kilogrammes ½ 1 myriagr. 5 hectogr.	21	7	3	46
11 kilogrammes. 1 myriagr. et 1 kilogr.	22	7	6	35
11 kilogrammes ½ 1 myriagr. 1 kilogr. 5 hectogr.	23	8	1	25
12 kilogrammes. 1 myriagr. 2 kilogr.	24	8	4	12
12 kilogrammes ½ 1 myriagr. 2 kilogr. 5 hectogr.	25	8	7	
13 kilogrammes. 1 myriagr. 3 kilogr.	26	9	1	61
13 kilogrammes ½ 1 myriagr. 3 kilogr. 5 hectogr.	27	9	4	50
14 kilogrammes. 1 myriagr. 4 kilogr.	28	9	7	38
14 kilogrammes ½ 1 myriagr. 4 kilogr. 5 hectogr.	29	10	2	26
15 kilogrammes. 1 myriagr. 5 kilogr.	30	10	5	15
15 kilogrammes ½ 1 myriagr. 5 kilogr. 5 hectogr.	31	11		3
16 kilogrammes. 1 myriagr. 6 kilogr.	32	11	2	64
16 kilogrammes ½ 1 myriagr. 6 kilogr. 5 hectogr.	33	11	5	52
17 kilogrammes. 1 myriagr. 7 kilogr.	34	12		41
17 kilogrammes ½ 1 myriagr. 7 kilogr. 5 hectogr.	35	12	3	29
18 kilogrammes. 1 myriagr. 8 kilogr.	36	12	6	18
18 kilogrammes ½ 1 myriagr. 8 kilogr. 5 hectogr.	37	13	1	6
19 kilogrammes. 1 myriagr. 9 kilogr.	38	13	3	67
19 kilogrammes ½ 1 myriagr. 9 kilogr. 5 hectogr.	39	13	6	55
20 kilogrammes. 2 myriagr.	40	14	1	44
20 kilogrammes ½ 2 myriagr. 5 hectogr.	41	14	4	32
21 kilogrammes. 2 myriagr. 1 kilogr.	42	14	7	21
21 kilogrammes. ½ 2 myriagr. 1 kilogr. 5 hectogr.	43	15	2	9
22 kilogrammes. 2 myriagr. 2 kilogr.	44	15	4	70
22 kilogrammes ½ 2 myriagr. 2 kilogr. 5 hectogr.	45	15	7	58
23 kilogrammes. 2 myriagr. 3 kilogr.	47		2	47
23 kilogrammes ½ 2 myriagr. 3 kilogr. 5 hectogr.	48		5	35
24 kilogrammes. 2 myriagr. 4 kilogr.	49	1		24
24 kilogrammes ½ 2 myriagr. 4 kilogr. 5 hectogr.	50	1	3	12
25 kilogrammes. 2 myriagr. 5 kilogr.	51	1	6	1
26 kilogrammes. 2 myriagr. 6 kilogr.	53	2	3	50

TABLEAU comparatif des nouveaux Poids avec les anciens, depuis le centigramme jusqu'à mille kilogrammes, Poids nouveaux.

NOUVEAUX POIDS.			LEUR VALEUR EN ANCIENS POIDS.			
			livres.	onces	gros	grains
27 kilogrammes.	2 myriagr.	7 kilogr.	55	3	1	27
28 kilogrammes.	2 myriagr,	8 kilogr.	57	3	7	4
29 kilogrammes.	2 myriagr.	9 kilogr.	59	4	4	53
30 kilogrammes.	3 myriagr.	.....	61	5	2	30
31 kilogrammes.	3 myriagr.	1 kilogr.	63	6	....	7
32 kilogrammes.	3 myriagr.	2 kilogr.	65	6	5	56
33 kilogrammes.	3 myriagr.	3 kilogr.	67	7	3	33
34 kilogrammes.	3 myriagr.	4 kilogr.	69	8	1	10
35 kilogrammes.	3 myriagr.	5 kilogr.	71	8	6	59
36 kilogrammes.	3 myriagr.	6 kilogr.	73	9	4	36
37 kilogrammes.	3 myriagr.	7 kilogr.	75	10	2	13
38 kilogrammes.	3 myriagr.	8 kilogr.	77	10	7	62
39 kilogrammes.	3 myriagr.	9 kilogr.	79	11	5	39
40 kilogrammes.	4 myriagr.	.....	81	12	3	16
41 kilogrammes.	4 myriagr.	1 kilogr.	83	13	....	65
42 kilogrammes.	4 myriagr.	2 kilogr.	85	13	6	42
43 kilogrammes.	4 myriagr.	3 kilogr.	87	14	4	19
44 kilogrammes.	4 myriagr.	4 kilogr.	86	15	1	68
45 kilogrammes.	4 myriagr.	5 kilogr.	91	15	7	45
46 kilogrammes.	4 myriagr.	6 kilogr.	94	....	5	22
47 kilogrammes.	4 myriagr.	7 kilogr.	96	1	2	71
48 kilogrammes.	4 myriagr.	8 kilogr.	98	2	....	48
49 kilogrammes.	4 myriagr.	9 kilogr.	100	2	6	25
50 kilogrammes.	5 myriagr.	.....	102	3	4	2
55 kilogrammes.	5 myriagr.	5 kilogr.	112	7	....	51
60 kilogrammes.	6 myriagr.	.....	122	10	4	60
65 kilogrammes.	6 myriagr.	5 kilogr.	132	14	1	17
70 kilogrammes.	7 myriagr.	.....	143	1	5	46
75 kilogrammes.	7 myriagr.	5 kilogr.	153	5	2	3
80 kilogrammes.	8 myriagr.	.....	163	8	6	32
85 kilogrammes.	8 myriagr.	5 kilogr.	173	12	2	61
90 kilogrammes.	9 myriagr.	.....	183	15	7	18
95 kilogrammes.	9 myriagr.	5 kilogr.	194	3	3	47
100 kilogrammes.	10 myriagr.	.....	204	7	....	4
125 kilogrammes.	12 myriagr.	5 kilogr.	255	8	6	5
150 kilogrammes.	15 myriagr.	.....	306	10	4	6
175 kilogrammes.	17 myriagr.	5 kilogr.	357	12	2	7
200 kilogrammes.	20 myriagr.	.....	408	14	....	8
225 kilogrammes.	22 myriagr.	5 kilogr.	459	15	6	9
250 kilogrammes.	25 myriagr.	.....	511	1	4	10
275 kilogrammes.	27 myriagr.	5 kilogr.	562	3	2	11
300 kilogrammes.	30 myriagr.	.....	613	5	....	12
325 kilogrammes.	32 myriagr.	5 kilogr.	664	6	6	13
350 kilogrammes.	35 myriagr.	.....	715	8	4	14
375 kilogrammes.	37 myriagr.	5 kilogr.	766	10	2	15
400 kilogrammes.	40 myriagr.	.....	817	12	....	16
425 kilogrammes.	42 myriagr.	5 kilogr.	868	13	6	17
450 kilogrammes.	45 myriagr.	.....	919	15	4	18
475 kilogrammes.	47 myriagr.	5 kilogr.	971	1	2	19
500 kilogrammes.	50 myriagr.	.....	1022	3	....	20
550 kilogrammes.	55 myriagr.	.....	1124	6	4	22
600 kilogrammes.	60 myriagr.	.....	1226	10	....	24
650 kilogrammes.	65 myriagr.	.....	1328	13	4	26
700 kilogrammes.	70 myriagr.	.....	1431	1	....	28
750 kilogrammes.	75 myriagr.	.....	1533	4	4	30
800 kilogrammes.	80 myriagr.	.....	1635	8	5	32
850 kilogrammes.	85 myriagr.	.....	1737	11	4	34
900 kilogrammes.	90 myriagr.	.....	1839	15	....	36
950 kilogrammes.	95 myriagr.	.....	1942	2	4	38
1000 kilogrammes.	100 myriagr.	.....	2044	6	....	40

TABLEAU comparatif des anciens Poids avec les nouveaux,

ANCIENS POIDS.	NOUVEAUX POIDS. LEUR DÉNOMINATION.	LEUR VALEUR EN ANCIENS POIDS. livres	onces	gros	grains
grains.					
1. . .	5 centigrammes, ou ½ décigramme.	. . .	. . .	. . .	$\frac{9}{10}\frac{1}{2}$
2. . .	1 décigramme.	. . .	. . .	. . .	1 $\frac{9}{10}$
	1 centigramme, ou dixième de décigramme.	. . .	. . .	. . .	$\frac{2}{10}$
					2 $\frac{1}{10}$
3. . .	1 décigramme.	. . .	. . .	. . .	1 $\frac{9}{10}$
	5 centigrammes, ou ½ décigramme.	. . .	. . .	. . .	$\frac{9}{10}\frac{1}{2}$
	1 centigramme, ou dixième de décigramme.	. . .	. . .	. . .	$\frac{2}{10}$
					3
4. . .	2 décigrammes.	. . .	. . .	. . .	3 $\frac{8}{10}$
	1 centigramme	. . .	. . .	. . .	$\frac{2}{10}$
					4 »
5. . .	2 décigrammes	. . .	. . .	. . .	3 $\frac{8}{10}$
	5 centigrammes.	. . .	. . .	. . .	$\frac{9}{10}\frac{1}{2}$
	2 centigrammes.	. . .	. . .	. . .	$\frac{4}{10}$
					5 $\frac{1}{10}$
6. . .	2 décigrammes.	. . .	. . .	. . .	3 $\frac{8}{10}$
	1 décigramme.	. . .	. . .	. . .	1 $\frac{9}{10}$
	2 centigrammes.	. . .	. . .	. . .	$\frac{4}{10}$
					6 $\frac{1}{10}$
7. . .	2 décigrammes	. . .	. . .	. . .	3 $\frac{8}{10}$
	1 décigramme.	. . .	. . .	. . .	1 $\frac{9}{10}$
	5 centigrammes.	. . .	. . .	. . .	$\frac{9}{10}\frac{1}{2}$
	2 centigrammes	. . .	. . .	. . .	$\frac{4}{10}$
					7 »
8. . .	2 décigrammes.	. . .	. . .	. . .	3 $\frac{8}{10}$
	2 décigrammes	. . .	. . .	. . .	3 $\frac{8}{10}$
	2 centigrammes	. . .	. . .	. . .	$\frac{4}{10}$
					8 »
9. . .	2 décigrammes.	. . .	. . .	. . .	3 $\frac{8}{10}$
	2 décigrammes	. . .	. . .	. . .	3 $\frac{8}{10}$
	5 centigrammes	. . .	. . .	. . .	$\frac{9}{10}\frac{1}{2}$
	2 centigrammes	. . .	. . .	. . .	$\frac{4}{10}$
	1 centigramme.	. . .	. . .	. . .	$\frac{2}{10}$
					9 $\frac{1}{10}$

depuis le grain jusqu'à deux milliers pesant, anciens Poids.

ANCIENS POIDS.	NOUVEAUX POIDS. LEUR DÉNOMINATION.	LEUR VALEUR EN ANCIENS POIDS. livres	onces	gros	grains
grains.					
18. . . .	1 gramme.	. . .	. . .	. . .	18 $\frac{8}{10}$
½ gros ou 36 grains	2 grammes.	. . .	. . .	. . .	37 $\frac{6}{10}$
gros.					
1. . . .	2 grammes.	. . .	. . .	. . .	37 $\frac{8}{10}$
	2 grammes.	. . .	. . .	. . .	37 $\frac{8}{10}$
				1	3 $\frac{6}{10}$
2. . . .	5 grammes.	. . .	. . .	1	22
	2 grammes.	. . .	. . .	. . .	37 $\frac{8}{10}$
	5 décigrammes.	. . .	. . .	. . .	9 $\frac{5}{10}$
	2 décigrammes.	. . .	. . .	. . .	3 $\frac{8}{10}$
				2	» $\frac{1}{10}$
3. . . .	1 décagramme.	. . .	. . .	2	44
	1 gramme	. . .	. . .	. . .	18 $\frac{8}{10}$
	5 décigrammes.	. . .	. . .	. . .	9 $\frac{5}{10}$
				3	» $\frac{1}{10}$
4 gros, ou ½ once.	1 décagramme.	. . .	. . .	2	44
	5 grammes.	. . .	. . .	1	22
	2 décigrammes.	. . .	. . .		3 $\frac{8}{10}$
	1 décigramme	. . .	. . .		1 $\frac{9}{10}$
				3	71 $\frac{7}{10}$
5. . . .	1 décagramme.	. . .	. . .	2	44
	5 grammes.	. . .	. . .	1	22
	2 grammes.	. . .	. . .	. . .	37 $\frac{6}{10}$
	2 grammes.	. . .	. . .	. . .	37 $\frac{6}{10}$
	1 décigramme.	. . .	. . .	. . .	1 $\frac{9}{10}$
				4	70 $\frac{9}{10}$
6. . . .	2 décagrammes.	. . .	. . .	5	16
	2 grammes.	. . .	. . .	. . .	37 $\frac{6}{10}$
	1 gramme.	. . .	. . .	. . .	18 $\frac{8}{10}$
				5	72 $\frac{2}{10}$

Suite du TABLEAU comparatif des

ANCIENS POIDS.	NOUVEAUX POIDS. LEUR DÉNOMINATION.	LEUR VALEUR EN ANCIENS POIDS. livres	onces	gros	grains
gros.					
7. . . .	2 décagrammes.	. . .	. . .	5	16
	5 grammes.	. . .	. . .	1	22
	1 gramme	. . .	. . .	. . .	18 9/10
	5 décigrammes.	. . .	. . .	. . .	9 4/10
	2 décigrammes.	. . .	. . .	. . .	3 8/10
				6	70 1/10
onces.					
1 once, ou 8 gros.	2 décagrammes.	. . .	. . .	5	16
	1 décagramme.	. . .	. . .	2	44
	5 décigrammes.	. . .	. . .	. . .	9 4/10
	1 décigramme.	. . .	. . .	. . .	1 9/10
				7	71 4/10
1 once ½.	2 décagrammes.	. . .	. . .	5	16
	2 décagrammes.	. . .	. . .	5	16
	5 grammes.	. . .	. . .	1	22
	1 gramme	. . .	. . .	. . .	18 9/10
			1	4	» 9/10
2 onces, ou ½ quarter.	5 décagrammes	. . .	1	5	6
	1 décagramme.	. . .	. . .	2	44
	1 gramme	. . .	. . .	. . .	18 9/10
	2 décigrammes.	. . .	. . .	. . .	3 8/10
			2		7/10
2 onces ½.	5 décagrammes	. . .	1	5	6
	2 décagrammes.	. . .	. . .	5	16
	5 grammes.	. . .	. . .	1	22
	1 gramme.	. . .	. . .	. . .	18 9/10
	5 décigrammes.	. . .	. . .	. . .	9 4/10
			2	4	4/10
3 onces.	5 décagrammes.	. . .	1	5	6
	2 décagrammes	. . .	. . .	5	16
	2 décagrammes	. . .	. . .	5	16
	1 gramme.	. . .	. . .	. . .	18 9/10
	5 décigrammes.	. . .	. . .	. . .	9 4/10
	2 décigrammes.	. . .	. . .	. . .	3 8/10
			2	7	70 1/10

anciens

nouveaux Poids avec les anciens.

ANCIENS POIDS.	NOUVEAUX POIDS. LEUR DÉNOMINATION.	LEUR VALEUR EN ANCIENS POIDS. livres	onces	gros	grains
onces.					
3 onces ½.	1 hectogramme	»	3	2	12
	5 grammes	»	»	1	22
	2 grammes.	»	»	»	37 6/10
			3	3	71 6/10
4 onces, ou 1 quarter.	1 hectogramme.	»	3	2	12
	2 décagrammes.	»	»	5	16
	2 grammes.	»	»	»	37 6/10
	2 décigrammes.	»	»	»	3 8/10
			3	7	69 1/10
4 onces ½.	1 hectogramme.	»	3	2	12
	2 décagrammes	»	»	5	16
	1 décagramme	»	»	2	44
	5 grammes.	»	»	1	22
	2 grammes	»	»	»	37 6/10
	5 décigrammes.	»	»	»	9 4/10
			4	3	69
5 onces.	1 hectogramme.	»	3	2	12
	5 décagrammes.	»	1	5	6
	2 grammes.	»	»	»	37 6/10
	1 gramme	»	»	»	18 9/10
			5	»	2 4/10
5 onces ½.	1 hectogramme	»	3	2	12
	5 décagrammes	»	1	5	6
	1 décagramme	»	»	2	44
	5 grammes.	»	»	1	22
	2 grammes.	»	»	»	37 6/10
	1 gramme	»	»	»	18 9/10
			5	3	68 4/10
6 onces.	1 hectogramme.	»	3	2	12
	5 décagrammes.	»	1	5	6
	2 décagrammes.	»	»	5	16
	1 décagramme	»	»	2	44
	2 grammes.	»	»	»	37 6/10
	1 gramme.	»	»	»	18 9/10
	5 décigrammes.	»	»	»	9 4/10
			5	7	71 9/10

Suite du TABLEAU comparatif des

ANCIENS POIDS.	NOUVEAUX POIDS.				
	LEUR DÉNOMINATION.	LEUR VALEUR EN ANCIENS POIDS.			
		livres	onces	gros	grains
onces.					
6 onces ½.	2 hectogrammes.	»	6	4	24
	On mettra en contrepoids, le poids de 2 grammes, équivalant à	»	»	»	37 5/10
	RESTERA NET.		6	3	59
7 onces.	2 hectogrammes.	»	6	4	24
	1 décagramme	»	»	2	44
	2 grammes.	»	»	»	37 5/10
	2 grammes	»	»	»	37 5/10
			6	7	71
7 onces ½.	2 hectogrammes.	»	6	4	24
	2 décagrammes	»	»	5	16
	5 grammes.	»	»	1	22
	2 grammes.	»	»	»	37 5/10
	2 grammes.	»	»	»	37 5/10
	2 décigrammes.	»	»	»	3 8/10
			7	3	68 6/10
8 onces, ou ½ livre.	2 hectogrammes.	»	6	4	24
	5 décagrammes.	»	1	5	6
	On mettra en contrepoids,		8	1	30
	5 grammes et 5 décigrammes, faisant.		»	1	31
	RESTERA NET.	»	7	7	71
8 onces ½.	2 hectogrammes.	»	6	4	24
	5 décagrammes.	»	1	5	6
	1 décagramme.	»	»	2	44
			8	4	2
9 onces.	2 hectogrammes.	»	6	4	24
	5 décagrammes.	»	1	5	6
	2 décagrammes.	»	»	5	16
	5 grammes.	»	»	1	22
			8	7	68
9 onces ½.	2 hectogrammes.	»	6	4	24
	5 décagrammes.	»	1	5	6
	2 décagrammes.	»	»	5	16
	2 décagrammes.	»	»	5	16
	5 décigrammes.	»	»	»	9 5/10
			9	3	71 5/10

anciens Poids avec les nouveaux.

ANCIENS POIDS.	NOUVEAUX POIDS.				
	LEUR DÉNOMINATION.	LEUR VALEUR EN ANCIENS POIDS.			
		livres	onces	gros	grains
onces.					
10 onces.	2 hectogrammes.	»	6	4	24
	1 hectogramme.	»	3	2	12
	5 grammes.	»	»	1	22
	5 décigrammes.	»	»	»	9 5/10
			9	7	67 5/10
10 onc. ½.	2 hectogrammes.	»	6	4	24
	1 hectogramme.	»	3	2	12
	2 décagrammes.	»	»	5	16
	1 gramme.	»	»	»	18 9/10
			10	3	70 [illegible]
11 onces.	2 hectogrammes.	»	6	4	24
	1 hectogramme.	»	3	2	12
	2 décagrammes.	»	»	5	16
	1 décagramme.	»	»	2	44
	5 grammes.	»	»	1	22
	1 gramme.	»	»	»	18 9/10
	5 décigrammes.	»	»	»	9 5/10
			11	»	2 4/10
11 onc. ½.	2 hectogrammes.	»	6	4	24
	1 hectogramme	»	3	2	12
	5 décagrammes.	»	1	5	6
	1 gramme.	»	»	»	18 9/10
	5 décigrammes.	»	»	»	9 5/10
			11	5	70 4/10
12 onces, ou 3 quarter.	2 hectogrammes	»	6	4	24
	1 hectogramme.	»	3	2	12
	5 décagrammes.	»	1	5	6
	1 décagramme	»	»	2	44
	5 grammes.	»	»	1	22
	2 grammes	»	»	»	37
			12	»	1
12 onc. ½.	2 hectogrammes.	»	6	4	24
	1 hectogramme.	»	3	2	12
	5 décagrammes	»	1	5	6
	2 décagrammes.	»	»	5	16
	1 décagramme.	»	»	2	44
	2 grammes.	»	»	»	37 ½
			12	3	67 ½

Suite du TABLEAU comparatif des

ANCIENS POIDS.	NOUVEAUX POIDS. LEUR DÉNOMINATION.	LEUR VALEUR EN ANCIENS POIDS. livres	onces	gros	grains
onces.					
13 onces.	2 hectogrammes.	»	6	4	24
	2 hectogrammes.	»	6	4	24
			13	»	48
	On mettra en contrepoids, 2 grammes et 5 décigrammes, faisont.		»	»	47
	RESTERA NET.	»	13	»	1
13 onc. ½.	2 hectogrammes.	»	6	4	24
	2 hectogrammes.	»	6	4	24
	1 décagramme.	»	»	2	44
	2 grammes.	»	»	»	37 $\frac{5}{10}$
	5 décigrammes.	»	»	»	9 $\frac{5}{10}$
			13	3	67
14 onces.	2 hectogrammes.	»	6	4	24
	2 hectogrammes.	»	6	4	24
	2 décagrammes	»	»	5	16
	5 grammes.	»	»	1	22
	2 grammes.	»	»	»	37 $\frac{5}{10}$
	1 gramme	»	»	»	18 $\frac{9}{10}$
		»	13	7	70 $\frac{4}{10}$
14 onc. ½.	2 hectogrammes.	»	6	4	24
	2 hectogrammes.	»	6	4	24
	2 décagrammes	»	»	5	16
	2 décagrammes	»	»	5	16
	2 grammes.	»	»	»	37 $\frac{5}{10}$
	1 gramme	»	»	»	18 $\frac{9}{10}$
			14	3	64 $\frac{4}{10}$
15 onces.	5 hectogrammes.	1	»	2	60
	On mettra en contrepoids, 4 décagrammes et 1 gramme, faisant.	»	1	2	52
	RESTERA NET.	»	15	»	8
15 onc. ½.	2 hectogrammes.	»	6	4	24
	2 hectogrammes	»	6	4	24
	5 décagrammes.	»	1	5	6
	2 décagrammes.	»	»	5	16
	2 grammes.	»	»	»	37 $\frac{9}{10}$
	2 grammes.	»	»	»	37 $\frac{9}{10}$
			15	4	1 $\frac{8}{10}$

Poids anciens avec les nouveaux.

ANCIENS POIDS.	NOUVEAUX POIDS. LEUR DÉNOMINATION.	LEUR VALEUR EN ANCIENS POIDS. livres	onces	gros	grains
livres.					
1 livre.	5 hectogrammes, ou ½ kilogramme.	1	»	2	60
	On mettra en contrepoids, 1 décagramme et 1 gramme, faisant.	»	»	2	62
	RESTERA NET.		15	7	70
1 livre ¼.	5 hectogrammes	1	»	2	60
	1 hectogramme.	»	3	2	12
	1 décagramme.	»	»	2	44
	1 gramme.	»	»	»	18
	5 décigrammes	»	»	»	9
		1	4	»	»
1 livre ½.	5 hectogrammes.	1	»	2	60
	2 hectogrammes.	»	6	4	24
	2 décagrammes.	»	»	5	16
	1 décagramme	»	»	2	44
	2 grammes	»	»	»	37
	2 grammes	»	»	»	37
		1	8	»	2
1 livre ¾.	5 hectogrammes.	1	»	2	60
	2 hectogrammes.	»	6	4	24
	1 hectogramme.	»	3	2	12
	5 décagrammes.	»	1	5	6
	5 grammes.	»	»	1	22
	1 gramme.	»	»	»	18
		1	11	7	70
2 livres.	1 kilogramme (*livre nouvelle*).	2	»	5	49
	On mettra en contrepoids, 2 décagrammes, et 2 grammes, faisant.	»	»	5	53
	RESTERA NET.	1	15	6	68
2 livres ¼.	1 kilogramme.	2	»	5	49
	1 hectogramme.	»	3	2	12
	5 décigrammes.	»	»	»	9
		2	3	7	70
2 livres ½.	1 kilogramme.	2	»	5	49
	2 hectogrammes.	»	6	4	24
	2 décagrammes.	»	»	5	16
	2 grammes.	»	»	»	37
	1 gramme.	»	»	»	18
		2	8	»	»

Suite du TABLEAU comparatif des

ANCIENS POIDS.	NOUVEAUX POIDS.				
	LEUR DÉNOMINATION.	LEUR VALEUR EN ANCIENS POIDS.			
livres.		livres	onces	gros	grains
2 livres $\frac{1}{4}$.	1 kilogramme	2	»	5	49
	2 hectogrammes.	»	6	4	24
	1 hectogramme	»	3	2	12
	2 décagrammes	»	»	5	16
	2 décagrammes.	»	»	5	16
	5 grammes.	»	»	1	22
		2	11	7	67
3 livres.	1 kilogramme.	2	»	5	49
	2 hectogrammes.	»	6	4	24
	2 hectogrammes.	»	6	4	24
	5 décagrammes.	»	1	5	6
	1 décagramme.	»	»	2	44
	5 grammes.	»	»	1	22
	1 gramme	»	»	»	37
		2	15	7	62
3 livres $\frac{1}{4}$.	1 kilogramme.	2	»	5	49
	5 hectogrammes.	1	»	2	60
	1 hectogramme.	»	3	2	12
	On mettra en contrepoids,	3	4	2	49
	1 décagramme, équivalant à.	»	»	2	44
	RESTERA NET.	3	4	»	5
3 livres $\frac{1}{2}$.	1 kilogramme.	2	»	5	49
	5 hectogrammes.	1	»	2	60
	2 hectogrammes.	»	6	4	24
	1 décagramme.	»	»	2	44
	2 grammes.	»	»	»	37
		3	7	7	70
3 livres $\frac{3}{4}$.	1 kilogramme.	2	»	5	49
	5 hectogrammes.	1	»	2	60
	2 hectogrammes.	»	6	4	24
	1 hectogramme.	»	3	2	12
	2 décagrammes	»	»	5	16
	1 décagramme	»	»	2	44
	5 grammes.	»	»	1	22
		3	12	»	11

anciens Poids avec les nouveaux.

ANCIENS POIDS.	NOUVEAUX POIDS.				
	LEUR DÉNOMINATION.	LEUR VALEUR EN ANCIENS POIDS.			
livres.		livres	onces	gros	grains
4 livres.	2 kilogrammes.	4	1	3	26
	5 grammes.	»	»	1	22
		4	1	4	48
	On mettra en contrepoids, 5 décagrammes, faisant.	»	1	5	6
	RESTERA NET.	3	15	7	42
4 livres $\frac{1}{4}$.	2 kilogrammes	4	1	3	26
	1 hectogramme.	»	3	2	12
		4	4	5	38
	On mettra en contrepoids, 2 décagrammes et 2 grammes, faisant.	»	»	5	53
	RESTERA NET.	4	3	7	57
4 livres $\frac{1}{2}$.	2 kilogrammes.	4	1	3	26
	2 hectogrammes.	»	6	4	24
		4	7	7	50
4 livres $\frac{3}{4}$.	2 kilogrammes.	4	1	3	26
	2 hectogrammes.	»	6	4	24
	1 hectogramme.	»	3	2	12
	2 décagrammes	»	»	5	16
	2 grammes.	»	»	»	37
		4	12	7	43
5 livres.	2 kilogrammes.	4	1	3	26
	5 hectogrammes.	1	»	2	60
		5	1	6	14
	On mettra en contrepoids, 5 décagrammes et 5 grammes, faisant.	»	1	6	28
	RESTERA NET.	4	15	7	58
5 livres $\frac{1}{4}$.	2 kilogrammes.	4	1	3	26
	5 hectogrammes.	1	»	2	60
	5 décagrammes.	»	1	5	6
	1 décagramme.	»	»	2	44
	5 grammes	»	»	1	22
	2 grammes.	»	»	»	37
		5	3	7	51

Suite du TABLEAU comparatif des

ANCIENS POIDS.	NOUVEAUX POIDS. LEUR DÉNOMINATION.	LEUR VALEUR EN ANCIENS POIDS. livres	onces	gros	grains
livres.					
5 livres ½.	2 kilogrammes	4	1	3	26
	5 hectogrammes	1	»	2	60
	1 hectogramme	»	3	2	12
	5 décagrammes	»	1	5	6
	2 décagrammes	»	»	5	16
	2 décagrammes	»	»	5	16
		5	7	7	64
5 livres ¾.	2 kilogrammes	4	1	3	26
	5 hectogrammes	1	»	2	60
	2 hectogrammes	»	6	4	24
	1 hectogramme	»	3	2	12
	1 décagramme	»	»	2	44
	2 grammes	»	»	»	37
		5	11	7	59
6 livres.	2 kilogrammes	4	1	3	26
	1 kilogramme	2	»	5	49
		6	2	1	3
	On mettra en contrepoids, 5 décagrammes et 2 décagrammes, faisant	»	2	2	22
	RESTERA NET	5	15	6	53
6 livres ¼.	2 kilogrammes	4	1	3	26
	1 kilogramme	2	»	5	49
	5 décagrammes	»	1	5	6
	5 grammes	»	»	1	22
	2 grammes	»	»	»	37
		6	3	7	68
6 livres ½.	2 kilogrammes	4	1	3	26
	1 kilogramme	2	»	5	49
	2 hectogrammes	»	6	4	24
		6		5	27
	On mettra en contrepoids, 2 décagrammes, équivalant à	»	»	5	16
	RESTERA NET	6	8	»	11
6 livres ¾.	2 kilogrammes	4	1	3	26
	1 kilogramme	2	»	5	49
	2 hectogrammes	»	6	4	24
	1 hectogramme	»	3	2	12
		6	11	7	39

anciens

anciens Poids avec les nouveaux.

ANCIENS POIDS.	NOUVEAUX POIDS. LEUR DÉNOMINATION.	LEUR VALEUR EN ANCIENS POIDS. livres	onces	gros	grains
livres.					
7 livres.	2 kilogrammes	4	1	3	26
	1 kilogramme	2	»	5	49
	2 hectogrammes	»	6	4	24
	2 hectogrammes	»	6	4	24
	2 décagrammes	»	»	5	16
	2 grammes	»	»	»	37
	1 gramme	»	»	»	18
		6	15	7	50
7 livres ¼.	2 kilogrammes	4	1	3	26
	1 kilogramme	2	»	5	49
	5 hectogrammes	1	»	2	60
	5 décagrammes	»	1	5	6
		7	4	»	69
	On mettra en contrepoids, 5 grammes, équivalant à	»	»	1	22
	RESTERA NET	7	3	7	47
7 livres ½.	2 kilogrammes	4	1	3	26
	1 kilogramme	2	»	5	49
	5 hectogrammes	1	»	2	60
	1 hectogramme	»	3	2	12
	5 décagrammes	»	1	5	6
	1 décagramme	»	»	2	44
	5 grammes	»	»	1	22
	2 grammes	»	»	»	37
		7	7	7	40
7 livres ¾.	2 kilogrammes	4	1	3	26
	1 kilogramme	2	»	5	49
	5 hectogrammes	1	»	2	60
	2 hectogrammes	»	6	4	24
	1 hectogramme	»	3	2	12
		7	12	2	27
	On mettra en contrepoids, 1 décagramme, équivalant à	»	»	2	44
	RESTERA NET	7	11	7	55
8 livres.	2 kilogrammes	4	1	3	26
	1 kilogramme	2	»	5	49
	5 hectogrammes	1	»	2	60
	2 hectogrammes	»	6	4	24
	2 hectogrammes	»	6	4	24
	1 décagramme	»	»	2	44
	2 grammes	»	»	»	37
		7	15	7	48

D

Suite du TABLEAU comparatif des

ANCIENS POIDS.	NOUVEAUX POIDS. LEUR DÉNOMINATION.	LEUR VALEUR EN ANCIENS POIDS.			
livres.		livres	onces	gros	grains
8 livres 1/4.	2 kilogrammes.	4	1	3	26
	2 kilogrammes.	4	1	3	26
	2 décagrammes.	»	»	5	16
	1 décagramme.	»	»	2	44
	5 grammes.	»	»	1	22
		8	3	7	62
8 livres 1/2.	2 poids de 2 kilogrammes.	8	2	6	52
	1 hectogramme.	»	3	2	12
	5 décagrammes	»	1	5	6
	5 grammes.	»	»	1	22
	2 grammes.	»	»	»	37
		8	7	7	57
8 livres 3/4.	2 poids de 2 kilogrammes.	8	2	6	52
	2 hectogrammes.	»	6	4	24
	5 décagrammes	»	1	5	6
	2 décagrammes.	»	»	5	16
	1 décagramme.	»	»	2	44
		8	11	7	70
9 livres.	2 poids de 2 kilogrammes	8	2	6	52
	2 poids de 2 hectogrammes.	»	13	»	48
	2 grammes.	»	»	»	37
		8	15	7	65
9 livres 1/4.	2 poids de 2 kilogrammes.	8	2	6	52
	5 hectogrammes.	1	»	2	60
	2 décagrammes	»	»	5	16
	5 grammes.	»	»	1	22
		9	4	»	6
9 livres 1/2.	2 poids de 2 kilogrammes.	8	2	6	52
	5 hectogrammes.	1	»	2	60
	2 hectogrammes.	»	6	4	24
		9	9	5	64
	On mettra en contrepoids, 5 décagrammes et 2 grammes, faisant.	»	1	5	43
	RESTERA NET.	9	8	»	21

anciens Poids avec les nouveaux.

ANCIENS POIDS.	NOUVEAUX POIDS. LEUR DÉNOMINATION.	LEUR VALEUR EN ANCIENS POIDS.			
livres.		livres	onces	gros	grains
9 livres 3/4.	2 poids de 2 kilogrammes.	8	2	6	52
	5 hectogrammes.	1	»	2	60
	2 hectogrammes.	»	6	4	24
	5 décagrammes.	»	1	5	6
	2 décagrammes	»	»	5	16
		9	12	»	14
10 livres.	2 poids de 2 kilogrammes.	8	2	6	52
	1 kilogramme.	2	»	5	49
		10	3	4	29
	On mettra en contrepoids, 1 hectogramme et 1 décagramme, faisant.	»	3	4	56
	RESTERA NET	9	15	7	45
10 liv. 1/2.	5 kilogrammes, ou 1/2 myriagramme.	10	3	4	29
	1 hectogramme.	»	3	2	12
	2 décagrammes.	»	»	5	16
	1 décagramme.	»	»	2	44
	5 grammes.	»	»	1	22
		10	7	7	51
11 livres.	5 kilogrammes.	10	3	4	29
	5 hectogrammes.	1	»	2	60
		11	3	7	17
	On mettra en contrepoids, 1 hectogramme et 2 décagrammes, faisant.	»	3	7	28
	RESTERA NET.	10	15	7	61
11 liv. 1/2.	5 kilogrammes.	10	3	4	29
	5 hectogrammes.	1	»	2	60
	1 hectogramme	»	3	2	12
	2 décagrammes	»	»	5	16
	5 grammes.	»	»	1	22
		11	7	7	67
12 livres.	5 kilogrammes.	10	3	4	29
	5 hectogrammes.	1	»	2	60
	2 hectogrammes.	»	6	4	24
	1 hectogramme.	»	3	2	12
	5 décagrammes	»	1	5	6
	2 décagrammes.	»	»	5	16
		12	»	»	3

Suite du TABLEAU comparatif des

ANCIENS POIDS.	NOUVEAUX POIDS.				
	LEUR DÉNOMINATION.	LEUR VALEUR EN ANCIENS POIDS.			
livres.		livres	onces	gros	grains
12 liv. ½.	5 kilogrammes.	10	3	4	29
	1 kilogramme.	2	»	5	49
	1 hectogramme.	»	3	2	12
	1 décagramme.	»	»	2	44
	2 grammes.	»	»	»	37
	1 gramme.	»	»	»	18
		12	7	7	45
13 livres.	5 kilogrammes.	10	3	4	29
	1 kilogramme.	2	»	5	49
	2 hectogrammes.	»	6	4	24
	1 hectogramme.	»	3	2	12
	5 décagrammes.	»	1	5	6
	5 grammes.	»	»	1	22
	2 grammes.	»	»	»	37
		12	15	7	55
13 liv. ½.	5 kilogrammes.	10	3	4	29
	1 kilogramme.	2	»	5	49
	5 hectogrammes.	1	»	2	60
	1 hectogramme.	»	3	2	12
	2 grammes.	»	»	»	37
		13	7	7	43
14 livres.	5 kilogrammes.	10	3	4	29
	5 kilogrammes.	4	1	3	26
		14	4	7	55
	On mettra en contrepoids, 1 hectogr., 5 décagr., 2 gramm., faisant.	»	4	7	55
	RESTERA NET.	14	»	»	»
14 liv. ½.	5 kilogrammes.	10	3	4	29
	2 kilogrammes.	4	1	3	26
	1 kilogramme.	»	3	2	12
		14	8	1	67
	On mettra en contrepoids, 5 grammes et 2 grammes, faisant.	»	»	1	59
	RESTERA NET.	14	8	»	8

anciens Poids avec les nouveaux.

ANCIENS POIDS.	NOUVEAUX POIDS.				
	LEUR DÉNOMINATION.	LEUR VALEUR EN ANCIENS POIDS.			
livres.		livres	onces	gros	grains
15 livres.	5 kilogrammes.	10	3	4	29
	2 kilogrammes.	4	1	3	26
	2 hectogrammes.	»	6	4	24
	1 hectogramme.	»	3	2	12
	2 décagrammes.	»	»	5	16
	1 décagramme.	»	»	2	44
	5 grammes.	»	»	1	22
		14	15	7	29
15 liv. ½.	5 kilogrammes.	10	3	4	29
	2 kilogrammes.	4	1	3	26
	5 hectogrammes.	1	»	2	60
	5 décagrammes.	»	1	5	6
	2 décagrammes.	»	»	5	16
	1 décagramme.	»	»	2	44
	1 gramme.	»	»	»	18
		14	7	7	55
16 livres.	5 kilogrammes.	10	3	4	29
	2 kilogrammes.	4	1	3	26
	5 hectogrammes.	1	»	2	60
	2 hectogrammes.	»	6	4	24
	1 hectogramme.	»	3	2	12
	2 décagrammes.	»	»	5	16
	5 grammes.	»	»	1	22
		15	15	7	45
16 liv. ½.	5 kilogrammes.	10	3	4	29
	2 kilogrammes.	4	1	3	26
	1 kilogramme.	2	»	5	49
	1 hectogramme.	»	3	2	12
		16	8	7	44
	On mettra en contrepoids, 2 décagrammes et 1 décagramme, faisant.	»	»	7	60
	RESTERA NET.	16	7	7	56
17 livres.	5 kilogrammes.	10	3	4	29
	2 kilogrammes.	4	1	3	26
	1 kilogramme.	2	»	5	49
	2 hectogrammes.	»	6	4	24
	1 hectogramme.	»	3	2	12
	1 décagramme.	»	»	2	44
	5 grammes.	»	»	1	22
		16	15	7	62

Suite du TABLEAU comparatif des

anciens Poids avec les nouveaux.

ANCIENS POIDS.	NOUVEAUX POIDS.				
	LEUR DÉNOMINATION.	LEUR VALEUR EN ANCIENS POIDS.			
livres.		livres	onces	gros	grains
17 liv. $\frac{1}{2}$.	5 kilogrammes	10	3	4	29
	2 kilogrammes	4	1	3	26
	1 kilogramme.	2	»	5	49
	5 hectogrammes.	1	»	2	60
	5 décagrammes	»	1	5	6
	1 décagramme	»	»	2	44
		17	7	7	70
18 livres.	5 kilogrammes.	10	5	4	29
	2 poids de 2 kilogrammes	8	2	6	52
		18	6	3	9
	On mettra en contrepoids, 2 hectogrammes, équivalant à.	»	6	4	24
	RESTERA NET.	17	15	0	57
18 liv. $\frac{1}{2}$.	5 kilogrammes	10	3	4	29
	2 poids de 2 kilogrammes.	8	2	6	52
	5 décagrammes	»	1	5	6
		18	8	»	15
	On mettra en contrepoids, 1 gramme, équivalant à.	»	»	»	18
	RESTERA NET.	18	7	7	69
19 livres.	5 kilogrammes	10	3	4	29
	2 poids de 2 kilogrammes.	8	2	6	52
	2 hectogrammes.	»	6	4	24
	1 hectogramme.	»	3	2	12
		19	»	1	45
	On mettra en contrepoids, 5 grammes et 2 grammes, faisant	»	»	1	59
	RESTERA NET.	18	15	7	58
19 liv. $\frac{1}{2}$.	1 myriagramme (10 kilogrammes).	20	7	»	58
	On mettra en contrepoids, 2 poids de 2 hectogrammes, 5 décagrammes, 1 décagramme.	»	15	»	36
	RESTERA NET.	19	8	»	22
20 livres.	1 myriagramme (10 kilogrammes).	20	7	»	58
	On mettra en contrepoids, 2 hectogrammes et 2 décagrammes, faisant.	»	7	1	40
	RESTERA NET.	19	15	7	18
21. . . .	1 myriagramme (10 kilogrammes).	20	7	»	58
	2 hectogrammes.	»	6	4	24
	5 décagrammes	»	1	5	6
	2 décagrammes	»	»	5	16
	2 grammes	»	»	»	37
		20	15	7	69
22. . . .	1 myriagramme (10 kilogrammes).	20	7	»	58
	1 kilogramme	2	»	5	49
		22	7	6	35
	On mettra en contrepoids, 2 hectogr. et 2 poids de 2 décagr., faisant.	»	7	6	56
	RESTERA NET.	21	15	7	51
23. . . .	1 myriagramme (10 kilogrammes).	20	7	»	58
	1 kilogramme.	2	»	5	49
	2 hectogrammes.	»	6	4	24
	5 décagrammes	»	1	5	6
		22	15	7	65
24. . . .	1 myriagramme (10 kilogrammes).	20	7	»	58
	2 kilogrammes	4	1	3	26
		24	8	4	12
	On mettra en contrepoids, 2 hectogrammes, 5 décagrammes, 1 décagramme, faisant	»	8	4	2
	RESTERA NET.	24	»	»	10
25. . . .	1 myriagramme (10 kilogrammes).	20	7	»	58
	2 kilogrammes.	4	1	3	26
	2 hectogrammes.	»	6	4	24
	2 décagrammes	»	»	5	16
	1 décagramme.	»	»	2	44
		25	»	»	24
	On mettra en contrepoids, 1 gramme et 5 décagrammes, faisant.	»	»	»	28
	RESTERA NET.	24	15	7	68

Suite du TABLEAU comparatif des

anciens Poids avec les nouveaux.

ANCIENS POIDS.	NOUVEAUX POIDS. LEUR DÉNOMINATION.	LEUR VALEUR EN ANCIENS POIDS. livres	onces	gros	grains
livres.					
30. . . .	1 myriagramme (10 kilogrammes).	20	7	»	58
	2 poids de 2 kilogrammes	8	2	6	52
	5 hectogrammes.	1	»	2	60
	2 hectogrammes.	»	6	4	24
		30	»	0	50
	On mettra en contrepoids, 2 décagrammes et 5 grammes, faisant. . . .	»	»	6	38
	RESTERA NET.	30	»	»	12
35. . . .	1 myriagramme (10 kilogrammes).	20	7	»	58
	5 kilogrammes.	10	3	4	29
	2 kilogrammes.	4	1	3	26
	1 hectogramme.	»	3	2	12
	2 décagrammes.	»	»	5	16
		34	15	7	69
40. . . .	1 myriagramme (10 kilogrammes).	20	7	»	58
	5 kilogrammes	10	3	4	29
	2 poids de 2 kilogrammes.	8	2	6	52
	5 hectogrammes.	1	»	2	60
	5 décagrammes.	»	1	5	6
	1 décagramme.	»	»	2	44
	5 grammes.	»	»	1	22
		39	15	7	55
45. . . .	2 myriagramme (20 kilogrammes).	40	14	1	44
	2 kilogrammes.	4	1	3	26
	1 décagramme	»	»	2	44
	1 gramme	»	»	»	18
		44	15	7	60
50. . . .	2 myriagrammes (20 kilogrammes).	40	14	1	44
	5 kilogrammes.	10	3	4	29
	ou 2 anc. poids de 50 l. surchargés à 25 kilogr.	51	1	6	1
	On mettra en contrepoids, 5 hectogrammes et 5 décagrammes, faisant.	1	1	7	66
	RESTERA NET.	49	15	6	5
55. . . .	2 myriagrammes (20 kilogrammes)	40	14	1	44
	5 kilogrammes	10	3	4	29
	2 kilogrammes.	4	1	3	26
		55	3	1	27
	On mettra en contrepoids, 1 hectogramme, faisant.	»	3	2	12
		54	15	–	15
60. . . .	2 myriagrammes (20 kilogrammes).	40	14	1	44
	5 kilogrammes	10	3	4	29
	2 poids de 2 kilogrammes	8	2	6	52
	2 hectogrammes.	»	6	4	24
	1 hectogramme	»	3	2	12
	5 décagrammes	»	1	5	6
		60	»	»	23
	On mettra en contrepoids, 2 grammes, équivalant à.	»	»	»	37
		59	15	7	58
70. . . .	2 myriagrammes (20 kilogrammes).	40	14	1	44
	1 myriagramme (10 kilogrammes).	20	7	»	58
	2 poids de 2 kilogrammes.	8	2	6	52
	2 hectogrammes.	»	6	4	24
	2 poids de 2 décagrammes		1	2	32
		69	15	7	66
80. . . .	2 myriagrammes (20 kilogrammes).	40	14	1	44
	1 myriagramme (10 kilogrammes).	20	7	»	58
	5 kilogrammes.	10	3	4	29
	2 poids de 2 kilogrammes.	8	2	6	52
	1 hectogramme	»	3	2	12
	2 décagrammes	»	»	5	16
	1 décagramme.	»	»	2	44
		79	15	7	[illegible]
90. . . .	2 poids de 2 myriagrammes (40 kilogr.). . .	81	12	3	16
	2 poids de 2 kilogrammes.	8	2	6	52
	2 décagrammes	»	»	5	16
		89	15	–	12

Suite du TABLEAU comparatif des

ANCIENS POIDS.	NOUVEAUX POIDS. Leur dénomination.	Leur valeur en anciens poids. livres	onces	gros	grains
livres.					
100. . .	2 anciens poids de 50 livres, surchargés à 25 kilogrammes.	102	3	4	2
	ou				
	2 poids de 2 myriagrammes (40 kilogr.). . .	81	12	3	16
	1 myriagramme (10 kilogr.). . .	20	7	»	58
		102	3	4	2
	On mettra en contrepoids, 1 kilogramme, 5 décagrammes, 2 poids de 2 décagrammes, } faisant	2	3	5	15
	RESTERA NET.	99	15	6	59
150. . .	2 anciens poids de 50 livres surchargés à 25 kilogram., ou 2 poids de 2 myriagrammes, et 1 myriagramme, } faisant	102	3	4	2
	2 myriagrammes.	40	14	1	44
	2 kilogrammes.	4	1	3	26
	1 kilogramme	2	»	5	49
	2 poids de 2 hectogrammes	»	13	»	48
		150	»	7	25
	On mettra en contrepoids, 2 décagrammes et 1 décagramme, faisant . .	»	»	7	60
	RESTERA NET.	149	15	7	40
200. . .	3 anciens poids de 50 livres surchargés à 25 kilogram., ou 3 poids de 2 myriagrammes, 1 myriagramme, et 5 kilogrammes, } 75 kilogram.	153	5	2	3
	2 myriagrammes.	40	14	1	44
	2 kilogrammes.	4	1	3	26
	5 hectogrammes.	1	»	2	60
	2 hectogrammes	»	6	4	24
	1 hectogramme.	»	3	2	12
	2 décagrammes.	»	»	5	16
	1 décagramme.	»	»	2	44
		200	»	»	13

anciens Poids avec les nouveaux.

ANCIENS POIDS.	NOUVEAUX POIDS. Leur dénomination.	Leur valeur en anciens poids. livres	onces	gros	grains
livres.					
250. . .	4 anciens poids de 50 livres surchargés à 25 kilogram., ou 5 poids de 2 myriagrammes, ou 2 poids de 5 myriagrammes. } 100 kilogram.	204	7	»	4
	2 myriagrammes.	40	14	1	44
	2 kilogrammes.	4	1	3	26
	2 hectogrammes.	»	6	4	24
	1 hectogramme.	»	3	2	12
		250	»	3	38
	On mettra en contrepoids, 2 décagrammes, équivalant à.	»	»	5	16
	RESTERA NET.	249	15	6	22
300. . .	5 anciens poids de 50 livres surchargés à 25 kilogram., ou 6 poids de 2 myriagrammes, et 5 kilogrammes, ou 2 poids de 5 myriagrammes, 1 myriagramme, et 5 kilogrammes, } 125 kilogram.	255	8	6	5
	2 myriagrammes	40	14	1	44
	1 kilogramme	2	»	5	49
	5 hectogrammes.	1	»	2	60
	2 hectogrammes.	»	6	4	24
	2 poids de 2 décagrammes.	»	1	2	32
		299	15	7	70
325, poids d'un sac ordinaire de farine.	6 anciens poids de 50 livres surchargés à 25 kilogram., ou 7 poids de 2 myriagrammes, et 1 myriagramme, ou 3 poids de 5 myriagrammes, } 150 kilogram.	306	10	4	6
	5 kilogrammes.	10	3	4	29
	2 poids de 2 kilogrammes.	8	2	6	52
		325	»	7	15
	On mettra en contrepoids, 2 décagrammes et 1 décagramme, faisant. .	»	»	7	60
	RESTERA NET.	324	15	7	27

Suite du TABLEAU comparatif des

ANCIENS POIDS.	NOUVEAUX POIDS.					
	LEUR DÉNOMINATION.		LEUR VALEUR EN ANCIENS POIDS.			
livres.			livres	onces	gros	grains
350. . .	6 anciens poids de 50 livres surchargés à 25 kilogram., ou 7 poids de 2 myriagrammes, et 1 myriagramme, ou 3 poids de 5 myriagrammes,	150 kilogram.	306	10	4	6
	2 myriagrammes.		40	14	1	44
	1 kilogramme.		2	»	5	49
	2 hectogrammes.			6	4	24
			349	15	7	51
400. . .	7 anciens poids de 50 livres surchargés à 25 kilogram., ou 8 poids de 2 myriagrammes, 1 myriagramme, 5 kilogrammes, ou 3 poids de 5 myriagrammes, 2 myriagrammes, et 5 kilogrammes,	175 kilogram.	357	12	2	7
	2 myriagrammes.		40	14	1	44
	5 hectogrammes.		1	»	2	60
	1 hectogramme.		»	3	2	12
	5 décagrammes.		»	1	5	6
	5 grammes.		»	»	1	22
			399	15	7	7
450. . .	8 anciens poids de 50 livres surchargés à 25 kilogram., ou 10 poids de 2 myriagrammes, ou 4 poids de 5 myriagrammes,	200 kilogram.	408	14	»	8
	2 myriagrammes.		40	14	1	44
	1 hectogramme.		»	3	2	12
	1 décagramme.		»	»	2	44
	5 grammes.		»	»	1	22
			449	15	7	58

nouveaux Poids avec les anciens.

ANCIENS POIDS.	NOUVEAUX POIDS.					
	LEUR DÉNOMINATION.		LEUR VALEUR EN ANCIENS POIDS.			
livres.			livres	onces	gros	grains
500. . .	9 anciens poids de 50 livres surchargés à 25 kilogram., ou 11 poids de 2 myriagrammes, et 5 kilogrammes, ou 4 poids de 5 myriagrammes, 2 myriagrammes, et 5 kilogrammes,	225 kilogram.	459	15	6	9
	1 myriagramme.		20	7	»	58
	5 kilogrammes.		10	3	4	29
	2 poids de 2 kilogrammes		8	2	6	52
	5 hectogrammes.		1	»	2	60
	5 décagrammes		»	1	5	6
	2 décagrammes		»	»	5	16
			499	15	7	14
550. . .	10 anciens poids de 50 livres surchargés à 25 kilogram., ou 12 poids de 2 myriagrammes, et 1 myriagramme, ou 5 poids de 5 myriagrammes,	250 kilogram.	511	1	4	10
	1 myriagramme.		20	7	»	58
	5 kilogrammes.		10	3	4	29
	2 poids de 2 kilogrammes.		8	2	6	52
	2 décagrammes		»	»	5	16
	1 décagramme.		»	»	2	44
			549	15	7	05

Suite du Tableau comparatif des

NCIENS POIDS.	NOUVEAUX POIDS. LEUR DÉNOMINATION.		LEUR VALEUR EN ANCIENS POIDS. livres	onces	gros	grains
livres.						
600. . .	11 anciens poids de 50 livres surchargés à 25 kilogram., ou 13 poids de 2 myriagrammes, 1 myriagramme, et 5 kilogrammes, ou 5 poids de 5 myriagrammes, 2 myriagrammes, et 5 kilogrammes,	275 kilogram.	562	5	2	11
	1 myriagramme		20	7	"	58
	5 kilogrammes.		10	3	4	29
	2 kilogrammes.		4	1	3	26
	1 kilogramme.		2	"	5	49
	5 hectogrammes.		1	"	2	60
			600	"	3	17
	On mettra en contrepoids, 1 décagramme et 5 grammes, faisant. . . .		"	"	3	66
	Restera net.		599	15	7	33
650. . .	12 anciens poids de 50 livres surchargés à 25 kilogram., ou 15 poids de 2 myriagrammes, ou 6 poids de 5 myriagrammes,	300 kilogram.	613	5	"	12
	1 myriagramme.		20	7	"	58
	5 kilogrammes.		10	3	4	29
	2 kilogrammes.		4	1	3	26
	5 hectogrammes.		1	"	2	60
	2 poids de 2 hectogrammes.		"	13	"	48
	2 poids de 2 décagrammes.		"	1	2	32
			649	15	6	49

anciens Poids avec les nouveaux.

ANCIENS POIDS.	NOUVEAUX POIDS. LEUR DÉNOMINATION.		LEUR VALEUR EN ANCIENS POIDS. livres	onces	gros	grains
livres.						
700. . .	13 anciens poids de 50 livres surchargés à 25 kilogram., ou 16 poids de 2 myriagrammes, et 5 kilogrammes, ou 6 poids de 5 myriagrammes, 2 myriagrammes, et 5 kilogrammes,	325 kilogram.	664	6	6	13
	1 myriagramme		20	7	"	58
	5 kilogrammes.		10	3	4	29
	2 kilogrammes.		4	1	3	26
	5 hectogrammes.		1	"	2	60
			700	3	1	42
	On mettra en contrepoids, 1 hectogramme, équivalant à		"	3	2	12
	Restera net.		699	15	7	30
750. . .	14 anciens poids de 50 livres surchargés à 25 kilogram., ou 17 poids de 2 myriagrammes, et 1 myriagramme, ou 7 poids de 5 myriagrammes,	350 kilogram.	715	8	4	14
	1 myriagramme.		20	7	"	58
	5 kilogrammes.		10	3	4	29
	2 kilogrammes		4	1	3	26
			750	4	4	55
	On mettra en contrepoids, 1 hectogramme et 2 poids de 2 décagrammes.		"	4	4	44
	Restera net.		750	"	"	11
800. . .	15 anciens poids de 50 livres surchargés à 25 kilogram., ou 18 poids de 2 myriagram., 1 myriagramme, et 5 kilogrammes, ou 7 poids de 5 myriagrammes. 2 myriagrammes, et 5 kilogrammes,	375 kilogram.	766	10	2	15
	1 myriagramme		20	7	"	58
	5 kilogrammes		10	3	4	29
	1 kilogramme.		2	"	5	49
	2 hectogrammes.		"	6	4	24
	1 hectogramme.		"	5	2	12
	2 décagrammes		"	"	5	16
			800	"	"	59

Suite du TABLEAU comparatif des

ANCIENS POIDS.	NOUVEAUX POIDS. LEUR DÉNOMINATION.		LEUR VALEUR EN ANCIENS POIDS. livres	onces	gros	grains
livres.			livres	onces	gros	grains
850. . .	16 anciens poids de 50 livres surchargés à 25 kilogram., ou 20 poids de 2 myriagrammes, ou 8 poids de 5 myriagrammes,	400 kilogram.	817	12	»	16
	1 myriagramme		20	7	»	58
	5 kilogrammes.		10	3	4	29
	1 kilogramme.		1	»	2	60
	2 hectogrammes		»	6	4	24
	5 décagrammes		»	1	5	6
	2 décagrammes		»	»	5	16
			849	15	6	65
900. . .	17 anciens poids de 50 livres surchargés à 25 kilogram., ou 21 poids de 2 myriagrammes, et 5 kilogrammes, ou 8 poids de 5 myriagrammes, 2 myriagrammes, et 5 kilogrammes,	425 kilogram.	868	13	6	17
	1 myriagramme		20	7	»	58
	5 kilogrammes		10	3	4	29
	2 hectogrammes		»	6	4	24
	2 décagrammes		»	»	5	16
	1 décagramme.		»	»	2	44
			899	15	7	44
950. . .	18 anciens poids de 50 livres surchargés à 25 kilogram., ou 22 poids de 2 myriagrammes, et 5 kilogrammes, ou 9 poids de 5 myriagrammes,	450 kilogram.	919	15	4	18
	1 myriagramme		20	7	»	58
	2 poids de 2 kilogrammes.		8	2	6	52
	5 hectogrammes		1	»	2	60
	1 hectogramme		»	3	2	12
	5 décagrammes		»	1	5	6
	2 poids de 2 décagrammes.		»	1	2	32
			950	»	»	22

anciens

anciens Poids avec les nouveaux.

ANCIENS POIDS.	NOUVEAUX POIDS. LEUR DÉNOMINATION.		LEUR VALEUR EN ANCIENS POIDS. livres	onces	gros	grains
livres.			livres	onces	gros	grains
1000. . .	19 anciens poids de 50 livres surchargés à 25 kilogram., ou 23 poids de 2 myriagrammes, 1 myriagramme, et 5 kilogrammes, ou 9 poids de 5 myriagrammes, 2 myriagrammes, et 5 kilogrammes,	475 kilogram.	971	1	2	19
	1 myriagramme		20	7	»	58
	2 poids de 2 kilogrammes.		8	2	6	52
	1 hectogramme		»	3	2	12
	2 poids de 2 décagrammes		»	1	2	32
			999	15	6	29
1100. . .	21 anciens poids de 50 livres surchargés à 25 kilogram., ou 26 poids de 2 myriagrammes, et 5 kilogrammes, ou 10 poids de 5 myriagrammes, 2 myriagrammes, et 5 kilogrammes,	525 kilogram.	1073	4	6	21
	1 myriagramme.		20	7	»	58
	2 kilogrammes.		4	1	3	26
	1 kilogramme		2	»	5	49
	5 décagrammes		»	1	5	6
	1 décagramme.		»	»	2	44
			1099	15	7	60
1200. . .	23 anciens poids de 50 livres surchargés à 25 kilogram., ou 28 poids de 2 myriagrammes, 1 myriagramme, et 5 kilogrammes, ou 11 poids de 5 myriagrammes, 2 myriagrammes, et 5 kilogrammes,	575 kilogram.	1175	8	2	23
	1 myriagramme		20	7	»	58
	2 kilogrammes.		4	1	3	26
			1200	»	6	35
	On mettra en contrepoids, 2 décagrammes et 5 grammes, valant. . . .		»	»	6	38
	RESTERA NET.		1199	15	7	69

Suite du TABLEAU comparatif des

anciens Poids avec les nouveaux.

ANCIENS POIDS.	NOUVEAUX POIDS. LEUR DÉNOMINATION.		LEUR VALEUR EN ANCIENS POIDS. livres	onces	gros	grains
ivres.	25 anciens poids de 50 livres surchargés à 25 kilogram., ou 31 poids de 2 myriagrammes, et 5 kilogrammes, ou 12 poids de 5 myriagrammes, 2 myriagrammes, et 5 kilogrammes,	625 kilogram.	1277	11	6	25
oo. . .	1 myriagramme		20	7	»	58
	5 hectogrammes.		1	»	2	60
	2 poids de 2 hectogrammes.		»	13	»	48
			1300	»	2	47
	On mettra en contrepoids, 1 décagramme		»	»	2	44
	RESTERA NET.		1300	»	»	3
	27 anciens poids de 50 livres surchargés à 25 kilogram., ou 33 poids de 2 myriagrammes, 1 myriagramme, et 5 kilogrammes, ou 13 poids de 5 myriagrammes, 2 myriagrammes, et 5 kilogrammes,	675 kilogram.	1379	15	2	27
oo. . .	1 myriagramme		20	7	»	58
			1400	0	3	13
	On mettra en contrepoids, 1 hectogrammes, valant.		»	6	4	24
	RESTERA NET.		1399	15	6	61
	29 anciens poids de 50 livres surchargés à 25 kilogram., ou 36 poids de 2 myriagrammes, et 5 kilogrammes, ou 14 poids de 5 myriagrammes, 2 myriagrammes, et 5 kilogrammes,	725 kilogram.	1482	2	6	29
5co. . .	5 kilogrammes.		10	3	4	29
	2 kilogrammes		4	1	3	26
	1 kilogramme		2	»	5	49
	5 hectogrammes.		1	»	2	60
	2 hectogrammes.		»	6	4	24
	2 décagrammes		»	»	5	16
			1500	»	»	17
livres.	31 anciens poids de 50 livres surchargés à 25 kilogram., ou 38 poids de 2 myriagrammes, 1 myriagramme, et 5 kilogrammes, ou 15 poids de 5 myriagrammes, 2 myriagrammes, et 5 kilogrammes,	775 kilogram.	1584	6	2	31
1600. . .	5 kilogrammes		10	3	4	29
	2 kilogrammes.		4	1	3	26
	5 hectogrammes.		1	»	2	60
	1 hectogramme.		»	5	2	12
	2 décagrammes.		»	»	5	16
	1 décagramme		»	»	2	44
			1599	15	7	2
	33 anciens poids de 50 livres surchargés à 25 kilogram., ou 41 poids de 2 myriagrammes, et 5 kilogrammes, ou 16 poids de 5 myriagrammes, 2 myriagrammes, et 5 kilogrammes,	825 kilogram.	1686	9	6	35
1700. . .	5 kilogrammes.		10	3	4	29
	1 kilogramme.		2	»	5	49
	5 hectogrammes.		1	»	2	60
	2 poids de 2 décagrammes.		»	1	2	32
	5 grammes		»	»	1	22
			1699	15	7	9
	35 anciens poids de 50 livres surchargés à 25 kilogram., ou 43 poids de 2 myriagrammes, 1 myriagramme, et 5 kilogrammes, ou 17 poids de 5 myriagrammes, 2 myriagrammes, et 5 kilogrammes,	875 kilogram.	1788	13	2	35
1800. . .	5 kilogrammes.		10	3	4	29
	5 hectogrammes.		1	»	2	60
			1800	1	1	32
	On mettra en contrepoids, 2 poids de 2 décagrammes, faisant		»	1	2	32
	RESTERA NET.		1799	15	7	20

Suite du TABLEAU comparatif des nouveaux Poids avec les anciens.

ANCIENS POIDS.	NOUVEAUX POIDS. LEUR DÉNOMINATION.		LEUR VALEUR EN ANCIENS POIDS. livres	onces	gros	grains
livres.						
1900. . .	37 anciens poids de 50 livres surchargés à 25 kilogram., ou 46 poids de 2 myriagrammes, et 5 kilogrammes, ou 18 poids de 5 myriagrammes, 2 myriagrammes, et 5 kilogrammes,	925 kilogram.	1891		6	37
	2 poids de 2 kilogrammes.		8	2	6	52
	2 hectogrammes.		»	6	4	24
	1 hectogramme.		»	3	2	12
	5 décagrammes.		»	1	5	6
	2 décagrammes		»	»	5	16
	5 grammes		»	»	1	22
			1899	15	7	25
2000. . .	39 anciens poids de 50 livres surchargés à 25 kilogram., ou 48 poids de 2 myriagrammes, 1 myriagramme, et 5 kilogrammes, ou 19 poids de 5 myriagrammes, 2 myriagrammes, et 5 kilogrammes	975 kilogram.	1993	4	2	29
	2 kilogrammes.		4	1	5	26
	1 kilogramme		2	»	5	49
	2 hectogrammes.		»	6	4	24
	1 hectogramme		»	3	2	12
			2000	»	2	6
	On mettra en contrepoids, 1 décagramme, équivalant à.		»	»	2	44
	RESTERA NET.		1999	15	7	34

FIN.

www.ingramcontent.com/pod-product-compliance
Ingram Content Group UK Ltd.
Pitfield, Milton Keynes, MK11 3LW, UK
UKHW012305240726
13966UKWH00004B/1642

9 782011 942876